Jelena Markovic
Jasmina Stojiljkovic

# Indicadores microbiológicos e químicos da qualidade do solo e correlação

Jelena Markovic
Jasmina Stojiljkovic

# Indicadores microbiológicos e químicos da qualidade do solo e correlação

ScienciaScripts

**Imprint**



Cover image: www.ingimage.com

This book is a translation from the original published under ISBN 978-620-2-31439-8.

Publisher:
Sciencia Scripts
is a trademark of
Dodo Books Indian Ocean Ltd. and OmniScriptum S.R.L publishing group

120 High Road, East Finchley, London, N2 9ED, United Kingdom
Str. Armeneasca 28/1, office 1, Chisinau MD-2012, Republic of Moldova, Europe
Printed at: see last page
**ISBN: 978-620-8-04361-2**

## RESUMO

O solo é uma estrutura muito complexa constituída por 5 horizontes que podem provocar uma série de reacções químicas em maior ou menor grau. As reacções podem variar em função das propriedades físicas, químicas ou microbiológicas do próprio solo. Este artigo descreve os efeitos microbiológicos de vários microrganismos na qualidade do solo e o controlo da qualidade do solo através de indicadores e parâmetros químicos.

Os levantamentos de terras estão a tornar-se mais frequentes e mais intensivos de ano para ano. Isto deve-se à alteração dos factores climáticos, à poluição, à maior frequência das inundações e à erosão. Foram estabelecidos paralelos ao analisar a qualidade do solo após as inundações, que ocorreram precisamente na altura em que as árvores de fruto e os cereais se estavam a desenvolver. Os locais onde as amostras de solo foram recolhidas situam-se no vale do rio Morava do Sul, no distrito de Pcinja. Utilizando parâmetros de qualidade adequados, concluiu-se que a qualidade deve ser a do solo em que são plantadas as respectivas culturas. Durante os ensaios realizados, foram obtidos resultados diferentes para o pH, o húmus, o azoto, o fósforo e o potássio em função do tempo. A experiência foi realizada há dois anos, imediatamente após as inundações e seis meses após as inundações que ocorreram na região do sul da Sérvia em maio de 2014. Os métodos utilizados para analisar o solo foram: colorimétrico, fotométrico, potenciométrico e espetrofotométrico. Os resultados mostram um elevado nível de sustentabilidade da qualidade dos solos destinados ao cultivo de culturas. A conclusão é que o solo regenera relativamente rápido as suas propriedades após a inundação.

As alterações microbiológicas do solo após a inundação não têm grande influência na qualidade do solo.

***Palavras-chave:*** *microrganismos Southem Morava, solo, potássio, fósforo, húmus, inundação*

# INTRODUÇÃO

A terra é diversa e representada por smonitza, solo florestal, podzol, e há vestígios de terra preta de montanha. A terra é uma camada superficial solta da crosta terrestre formada como produto do substrato geológico e da participação de factores climáticos (especialmente temperatura, água, movimento do ar e gravidade) e organismos vivos (especialmente importantes, como organismos vegetais e microorganismos). O solo é parte integrante do ecossistema e situa-se entre a superfície terrestre e a parede. Está dividido em camadas horizontais e difere nas suas propriedades químicas, físicas e biológicas. Os solos de alta qualidade são constituídos por cerca de 50 % de sólidos, 45 % a 5 % de matéria mineral e orgânica e 25 % de água e ar (Altieri, 1995). A composição do solo tem um efeito direto na estrutura anatómica das plantas e nas suas propriedades (Stevovic, 2010), (Stevovic, Mikovilovic, Surcinski, 2009). A qualidade do solo depende da quantidade dos elementos químicos N (azoto), P (fósforo), K (potássio), húmus e pH. A qualidade do solo reflecte-se na sua fertilidade e, consequentemente, no rendimento das plantas que crescem no mesmo solo (Stevovic, Calic, 2010), (Stevovic, Dervnja, Calic, 2013). Se o solo for rico em azoto, a planta tem uma floração normal, melhor formação de frutos e menos folhas amareladas (Altieri, 1995). Para que a formação de ácidos nucleicos, nucleoproteínas e fitatos ocorra corretamente, o solo deve ser rico em fósforo. No entanto, os solos são geralmente pobres em fósforo, pelo que são fertilizados com adubos fosfatados (Altieri, 1995). Para que as plantas sejam mais resistentes às doenças e ao stress, é necessário que o solo seja rico em potássio. O potássio é essencial para o crescimento e a divisão celular das plantas (Stevovic, Mikovilovic, Surcinski e Calic, 2010). A falta de potássio no solo provoca uma perturbação do equilíbrio hídrico, pontas secas ou enrolamento das folhas e apodrecimento das raízes. Alterações sucessivas, como a falta de nutrientes no solo, conduzem a problemas. (Spooler, 2008). A intensificação agrícola sustentável é definida como

como a produção de mais rendimento a partir da mesma quantidade de terra, reduzindo simultaneamente os impactos ambientais negativos e aumentando as contribuições para o capital natural e o fluxo de serviços ambientais (Pretty, 2008; Royal Society, 2009; Conway e Waage, 2010; Godfray, Beddington, Crute, Haddad, Muir, Pretty, Robinson, Thomas, Toulmin, 2010).

O aumento da humidade no solo também afecta a má qualidade do solo. O solo permanece húmido, especialmente após as inundações. As cheias podem ter um impacto muito negativo no solo: sedimentação de lama, erosão das terras agrícolas, perda de nutrientes no solo que prejudicam a fertilidade. Este documento discute a sustentabilidade da qualidade do solo no período anterior, imediatamente após e seis meses após as inundações. Isto significa que a influência dos factores ambientais deve ser tida em conta, o que inclui os factores complexos que afectam o solo (Krnacova, Hresko, Kanka, Boltiziar, 2013).

*Composição do solo*

Cada solo é constituído por complexos minerais, orgânicos e orgânico-minerais, bem como pela solução do solo, pelo ar e pelos microrganismos do solo. Para uma avaliação higiénica do grau de contaminação do solo, é muito importante conhecer a sua composição natural.

Os materiais minerais ou de valor não limitativo do solo consistem em 60-80 % de silício cristalino ou quartzo. Os aluminossilicatos ocupam um lugar significativo na composição mineralógica do solo. O teor de substâncias químicas no solo pode ser avaliado com base no teor médio de substâncias químicas no solo de etanol (não poluído). Para além do silicato e do aluminossilicato, todos os elementos do sistema de Mendeleev estão presentes na composição mineralógica do solo, mas os mais interessantes são o flúor, o iodo, o manganês, o selénio, etc., uma vez que o seu teor aumentado ou diminuído no solo afecta a formação de espaços geoquímicos naturais, que desempenham um papel no desenvolvimento de doenças endémicas (fluorose, cáries, sonolência, etc.). A avaliação higiénica do grau de contaminação do solo por compostos inorgânicos baseia-se na comparação do teor quantitativo do respetivo elemento no solo com o seu MDK: para a vida - 2,1 mg / kg, crómio - 0,05 mg / kg, chumbo - 20 mg / kg, manganês - 1500 mg / kg, arsénio - 45 mg / kg.

A matéria orgânica do solo é constituída por matéria orgânica (ácidos húmicos, fulvocidas, etc.) sintetizada por microrganismos e por matéria orgânica alóctone introduzida no solo a partir do exterior. As grandes reservas de carbono concentram-se sob a forma de substâncias húmicas. O aumento do teor de carbono dos compostos orgânicos num prazo de 2 a 3 anos indica uma possível contaminação do solo. A relação entre o carbono e o húmus e o carbono de origem vegetal é conhecida como coeficiente de humificação.

O exame sanitário-bacteriológico do solo (Quadro 1) consiste em determinar o número total de microrganismos em 1 g, o número de termófilos em 1 g, o co-titer, o Titra-Perfringes e, em alguns casos, também a presença de Staphylococcus, Proteus e micróbios patogénicos. Um indicador muito sensível da contaminação do solo por fezes frescas é a quantidade vital de ovos de helmintas (em 1 kg). [2]O indicador sanitário-entomológico básico de contaminação são as larvas e pupas de mosca por unidade de área (0,25 m).

As propriedades de diagnóstico higiénico das ervas podem ser determinadas com base na composição química do ar do solo (Quadro 1) e com base nos chamados parâmetros complexos.

**Tabela 1 . Estimativa do solo de Higian com base nos parâmetros complexos**

| Land character | Number of larvae and dolls at $0.25m^2$ | The number of helminth eggs in 1kg of soil | Koli-tita | Titar-prefringens | Sanitary number of Hlebnikov |
|---|---|---|---|---|---|
| Clean | 0 | 0 | 1.0 and more | 0.1 and more | 0.98-1.0 |
| A little contaminated | 1-10 | to 10 | 1,0 – 0.01 | 0.1 – 0.001 | 0.85 – 0.98 |
| Contaminated | 10-12 | 11-100 | 0.01-0,001 | 0.01 property | 0.70 – 0.85 |
| Very contaminated | 100 and more | More than 100 | 0.001 property | 0.001 property | 0.70 property |

**Quadro 2: Diagnóstico higiénico do solo com base na composição química do ar do solo**

| Characteristics земљишта | Content in soil air (at a temperature of 0 ° C, pressure 760mmHg) at a depth of 1m, volume. % | | | |
|---|---|---|---|---|
| | $CO_2$ | $O_2$ | $CH_2$ | $H_2$ |
| Practically clean | 0.38 – 0.80 | 0.3 – 19.18 | - | - |
| Poorly contaminated | 1.2 – 2.8 | 19.9 – 17.7 | - | - |
| Medium polluted | 4.1 – 6.5 | 16.5 – 14.2 | - | - |
| Very contaminated | 14.5 – 18.0 | 5.5 – 1.7 | 0.8 – 2.7 property | 0.3 – 3.4 property |

A importância higiénica da humidade do solo reside no facto de todas as substâncias químicas e contaminantes biológicos do solo (ovos de helmintas, bactérias, vírus) só poderem deslocar-se no solo com a humidade do solo. Além disso, todos os processos químicos e biológicos que ocorrem no solo, incluindo a sua auto-purificação de compostos orgânicos, ocorrem em soluções aquosas.

O carácter higiénico do solo reside no facto de ser um enorme laboratório natural no qual têm lugar os processos de síntese e decomposição de substâncias orgânicas, os processos fitoquímicos, a formação de substâncias orgânicas e inorgânicas, a morte de muitas bactérias, vírus, protozoários e ovos de helmintas. O solo serve para limpar e desintoxicar os resíduos, a sujidade, o lixo, tem influência no clima, no desenvolvimento da vegetação, etc.

*Composição quantitativa e qualitativa dos microrganismos do solo*

O solo é o mais importante reservatório de microrganismos na natureza. O número de microrganismos no solo depende do tipo de solo, do teor de matéria orgânica e de água, das condições climáticas, das estações do ano, do grau de poluição do solo por resíduos industriais e de outros factores, podendo atingir vários milhares de milhões em gramas. Mesmo na areia do deserto, na ausência quase total de humidade, podem encontrar-se até 105 células microbianas em 1 grama. Os microrganismos são os melhores chernozem, solo de castanheiro, serozem e solos especialmente tratados. O número de bactérias em 1 g deste tipo de solo atinge por vezes várias dezenas de milhares de milhões. Os microrganismos não se dão bem em solos arenosos e montanhosos e em solos com vegetação (Mandic et al., 2002, 2004). O número e a composição qualitativa dos microrganismos do solo dependem fortemente do grau de contaminação do solo com fezes e ureia, mas também da forma como é cultivado e fertilizado (Djukic, Mandic, 1993). Por exemplo, há duas vezes mais microorganismos em solos aráveis do que em florestas. Devido à falta de nutrientes necessários, ao efeito destrutivo da luz, à dessecação, à presença de antagonistas microbianos e de fagos, as bactérias asporogénicas patogénicas permanecem no solo durante vários dias a vários meses. São omnipresentes e participam na decomposição de várias matérias orgânicas no solo e na água, levando à degradação de nutrientes, e algumas espécies causam doenças em seres humanos, animais e plantas.

Existem *Bac. cereus, Bac. megatherium, Bac.subtilis.* Os esporos do microrganismo patogénico *Bac persistem* no solo *durante muito tempo.* Anthraciski é um desafiador negro. *O Bac. cereus deve-se* a microrganismos que estão muito disseminados na natureza. A sua presença no solo depende do teor de matéria orgânica. Desenvolve-se melhor em solos com uma reação neutra ou ligeiramente alcalina.

As estirpes do género *Clostridium (Cl. Sporogenes, Cl. Putrificum, Cl. Perfringes)* também se encontram em diferentes tipos de solo, especialmente em Cl. perfringes. Encontram-se em solos que estão constantemente contaminados. *Cl. perfringes tipo* A e o

as camadas atoxigénicas estão constantemente presentes nos intestinos dos animais, uma vez que estes estão frequentemente em contacto com o solo.

*Cl. Botulinum* é, antes de mais, um explorador do solo. A sua distribuição depende não só da localização geográfica da área, mas também da estação do ano, da composição química do solo, da sua poluição, etc. *O Cl. botulinum* encontra-se tanto em florestas (2,5-3,3 %) como em pousios (3,3-10 %).

Um indicador importante do estado sanitário do solo é a presença de bactérias do grupo intestinal de colónias - coliformes e enterococos - um indicador de poluição fecal *Ent. faecalis*. A presença de bactérias coliformes e enterococos no solo indica poluição fecal do solo.

Para além destas bactérias do solo, existem azotobactérias do género Azotobacter, bactérias nitrificantes do género *Nitrobacter, Nitrospin, Nitrococcus, Nitrospir*; bactérias oxidantes do pântano do género *Achromatium, Beggiatoa, Thioploca, thiospirillopsis e Thiothirix*; bactérias estomacais, galos saprófitas do género *Micrococcus* (*M. albus, M. candicans, M. cereus flavus*), *Sarcina (S. ureae)* e fungos do grupo dos Actinomicetes (*géneros Actinoplanes, Streptomyces, Kineosporia e outros).*

Os agentes patogénicos de todas as bactérias, vírus, fungos e protozoários podem ser encontrados no solo. O solo, enquanto fator de transmissão de uma série de agentes patogénicos de doenças infecciosas, é um substrato muito complexo. O período de manutenção de algumas bactérias patogénicas é apresentado no quadro seguinte (Quadro 3).

**Quadro 3: Duração da manutenção das bactérias do solo**

| Bacteria | Mid-term, Sunday | Maximum time, month |
|---|---|---|
| *Salmonella* | 2– 3 | 12 |
| *Shigella* | 1.5 – 5 | 9 |
| *Vibrio* | 1 – 2 | 4 |
| *Micobacterium* | 13 | 7 |
| *Bacillus* | 0.5 – 3 | several years |
| *Clostridium* | 1.5 | several years |

Ubiquidade e existência autónoma de parasitas adventícios em solos e ecossistemas aquáticos.Há cada vez mais provas da distribuição ubíqua de enterobactérias e de um grande número de microrganismos não fermentadores em ecossistemas superficiais, terrestres, de água doce e marinhos de diferentes ambientes naturais. A ubiquidade das Pseudomonas, cujas espécies específicas, com exceção dos agentes patogénicos para o homem, são agora mais claramente reconhecíveis do que outras em bacias marinhas e de água doce, solos, rizosfera e plantas, vários animais, depósitos de petróleo e carvão e fontes termais em todas as latitudes. São capazes de absorver compostos orgânicos da água, das plantas e dos animais (Ruban, 1986).Nos últimos anos, foi realizada uma análise das associações microbianas de solos e roedores selvagens em ecossistemas naturais que não têm praticamente qualquer impacto nas actividades humanas. Este estudo baseado em princípios revelou a ubiquidade de um amplo espetro de enterobactérias e bactérias não fermentadas que são condicionalmente patogénicas (para os seres humanos): Echeerythi, Enterobacteriaceae, Klebsiele, Proteusi, Cytobacteria, Hafnium, Serationa, Pseudomonas, Acinetobacteria, e também Jersinia e Salmonella foram encontradas em vários solos, substratos de larvas e no trato intestinal de roedores selvagens em ecossistemas naturais (Quadro 4). Neste caso, as Pseudomonas e as Acinetobacteria foram registadas duas vezes mais frequentemente nos solos do que nos mamíferos.

**Quadro 4: Ubiquidade de uma vasta gama de enterobactérias e bactérias não fermentadas**

| Bacteria rods | Land | Plants |
|---|---|---|
| *Yersinia* | + | + |
| *Salmonella* | + | |
| *Escherichia* | + | |
| *Enterobacter* | + | + |
| *Klebsiella* | + | |
| *Proteus* | + | |
| *Citrobacter* | + | + |
| *Hafnia* | + | + |
| *Serratia* | + | + |
| *Pseudomonas* | + | |
| *Acinetobacter* | + | |

A propósito, estes estudos revelaram que todas as enterobactérias e bactérias não fermentadoras listadas têm uma ampla gama de temperaturas: Cresceram bem a baixas temperaturas (4-8 °C), o que é, no entanto, bastante natural. Em experiências sobre a análise bacteriológica de plantas selvagens (Gordejko, 1990, 1991), foram isoladas Enterobacter, Cytobacter, Serations e Hafnium, para além de Jersinia. As experiências mostraram que as Jersinia entram nas plantas a partir do substrato através do sistema radicular e encontram-se nos órgãos vegetativos. É óbvio que as plantas servem de ligação para introduzir os agentes patogénicos do solo, onde vivem permanentemente, em ecossistemas acima do solo, onde as plantas servem de fonte de contaminação por roedores.

As interações entre microrganismos patogénicos nas comunidades são complexas e diversificadas e podem ser reduzidas a três tipos básicos.

1. Relações competitivas entre as bactérias patogénicas, tanto entre si como com os microrganismos saprófitas que utilizam bacteriocinas, e também através da alteração da reação ativa e do potencial de redução oxidante do solo (Velikanov, 1937), sendo que o antagonismo microbiano desempenha frequentemente um papel preponderante na limitação do número de populações bacterianas no solo.
2. Relações entre pragas e vítimas: Os microrganismos servem de alimento comum aos protozoários e a outros representantes da micro e da mezofauna (Aristovskaya, 1975; Avcin et al., 1980; Clarholm, 1981), o que provavelmente também limita o número de populações bacterianas no solo ou na água, embora esta questão não seja tão simples e significativa no caso das bactérias patogénicas.
3. As relações simbióticas das bactérias patogénicas com outros microrganismos, protozoários e algas - desde o parasitismo intracelular à utilização de produtos metabólicos - mantêm as populações bacterianas e contribuem naturalmente para a sobrevivência de parasitas adventícios no solo ou na água.

*Caraterísticas específicas dos microrganismos de diferentes tipos de solo*

A cobertura do solo é muito diversificada e os solos dos vários tipos diferem consideravelmente nas suas propriedades e composição. Dokukaev (1899) descobriu a legitimidade da categorização dos tipos de solo à superfície da terra e estabeleceu o estudo das zonas de solo. Imediatamente após o seu trabalho, os microbiologistas começaram a tentar descobrir as diferenças entre a microflora de diferentes solos nas propriedades dos seus horizontes superiores caraterísticos.

O primeiro trabalho neste sentido, comparando a microflora de vários países do Norte com a microflora dos solos da faixa média da Rússia, foi realizado por Severin em 1909. Tal como vários outros investigadores, não conseguiu estabelecer diferenças claras.
Os resultados negativos, que durante muito tempo acompanharam as investigações para descobrir a especificidade das associações microbianas de diferentes países, reduziram a tarefa resolvida aos limites do problema ecológico. O papel do fator geográfico foi negado. Esta opinião foi apoiada pelo facto bem conhecido de os microrganismos serem cosmopolitas e estarem espalhados por todo o mundo.

O conhecido microbiologista holandês Kluyver (Kluyver van Niel, 1956) escreveu que se pode presumir que a grande maioria dos micróbios está presente em todo o lado. Isto não significa que estejam presentes em todo o lado em quantidades significativas; significa que alguns indivíduos são capazes de manter a sua forma em locais completamente diferentes do globo ou num estado de anabrose, ou através de uma ocorrência curta e localizada de multiplicação rápida seguida de uma lenta redução da população da população.

Ao caraterizar a composição dos organismos miroscópicos em diferentes solos, é particularmente importante considerar a sua natureza altamente dinâmica: A quantidade de microrganismos no solo muda significativamente não só durante o ano, mas também em curtos intervalos de tempo (Aristovskaya, 1965, etc.). Isto deve-se à dinâmica da temperatura e da humidade do solo, à composição da cobertura vegetal, etc.

Nas zonas meridionais, especialmente em solos não irrigados com um défice de humidade no verão, as flutuações no número de microrganismos são mais pronunciadas. Na estação seca, os actinomicetos (com uma menor necessidade de humidade) dominam, na primavera e no outono as bactérias, cujo número diminui drasticamente. O humedecimento do solo por baixo altera a composição e a dinâmica da microflora. Na zona norte, com humidade suficiente, as flutuações sazonais no número de certos grupos de microrganismos são muito menos pronunciadas.
Em quase todas as zonas, observa-se uma atividade menor ou maior dos microrganismos na primavera. Isto está obviamente relacionado com o enriquecimento do solo com plantas, que diminuiu no outono - o período de inverno.

Nikitin analisou um grande número de solos que diferem na sua formação (1971) utilizando um microscópio eletrónico. Ele enumera os seus dados sobre o número de microrganismos no horizonte do solo suculento.

**Tabela 5: Número de microrganismos nos horizontes do solo suculento**

| Land of microorganisms | Total number |
|---|---|
| Tundra - dwarfed podzol | $0.4 \cdot 10^9$ |
| Highly oppressed | $1.4 \cdot 10^9$ |
| Chernozem | $10.0 \cdot 10^9$ |
| Crvenica | $20.0 \cdot 10^9$ |

O grupo mais bem estudado de microrganismos saprófitas (zimogénicos) dos diferentes tipos de solo. São geralmente determinados por sementeira em nutrientes sólidos, por vezes também em nutrientes líquidos com determinados compostos orgânicos (ágar Meatpepper, ágar amido-amoníaco). Para além das bactérias, os actinomicetos também se desenvolvem num meio de cultura especial. Para a cultura de fungos microscopicamente pequenos, utilizam-se mais frequentemente ágar acidificado, raiz de cabo, etc. Os dados do quadro 6 evidenciam uma outra regularidade que não pode ser determinada pelo método direto de espelhamento: Há consideravelmente menos bactérias formadoras de esporos e actinomicetos nos solos da zona norte do que nos da zona sul. A percentagem destes grupos de organismos aumenta rapidamente nos solos da zona sul. Este fenómeno deve-se provavelmente ao grau de decomposição da matéria orgânica nos diferentes solos. Como já foi referido, os ladrões e os actinomicetes proliferam nas fases mais tardias da decomposição dos restos vegetais. Os solos do norte e a reação ácida são mal tolerados pelos actinomicetos.

**Quadro 6: Número e rácio dos grupos individuais de microrganismos em diferentes tipos de solo**

| Zona | Land | State of the land | Total no. Microorganisms 103 / 1g land. | Bacteria% | Slow (from the number of backs), % | Aktinomicete% | Mushrooms, % |
|---|---|---|---|---|---|---|---|
| Tundra and tajga | Clay and clay-podzolno | Ledinasto<br>Cultivated | 2140<br>4870 | 95,6<br>98,0 | 0,7<br>0,6 | 1,4<br>1,6 | 3,0<br>0,4 |
| Mixed forests | Podzolno i busenasto-podzdolno | Ledinasto<br>Cultivated | 1090<br>2620 | 89,3<br>70,7 | 12,0<br>14,9 | 8,0<br>28,2 | 2,7<br>1,1 |
| Forest and steppe | Черноземм | Ledinasto<br>Cultivated | 3630<br>4530 | 63,8<br>64,4 | 21,4<br>24,5 | 35,4<br>35,1 | 0,8<br>0,5 |
| Suve stepe | Chestnut | Ledinasto<br>Cultivated | 3480<br>6660 | 64,8<br>67,6 | 19,3<br>23,0 | 34,6<br>32,0 | 0,6<br>0,4 |
| Half-desert and desert | Mrko and serozelm | Ledinasto<br>Cultivated | 4490<br>7380 | 63,4<br>66,1 | 17,7<br>19,8 | 36,1<br>33,6 | 0,5<br>0,3 |

Observação: O boro total dos organismos é calculado como a soma de bactérias, actinomicetos e fungos. O número de bactérias está incluído no número total de bactérias. A forte colonização microbiológica dos solos da tundra e da taiga em comparação com os solos mistos explica-se pelo facto de os solos do norte só serem analisados nos anos em que o solo contém o maior número de microrganismos. Os dados relativos aos outros solos foram obtidos através de análises dinâmicas. Foram analisados o horizonte A de solos pedregosos e uma camada laranja de áreas cultivadas, e os fungos do género *Trichoderma* são muito susceptíveis a perturbações no solo. O solo contém fungos abundantes com micélio de pigmentação escura (*Dematium, Cladosporium, Macrosporium, Alternariaitd*). Alguns deles, M. vanocecai M. usabellina, são encontrados em solos ácidos, e outros, como *M. alpina M. dicotomia* - em neutro e alcalino (Halabuda, 1973).cultivo do solo muda rapidamente suas propriedades e, positivamente, o regime de nitrogênio. Isso leva a uma mudança na composição dos microrganismos celulósicos. Os adubos minerais contribuem para a proliferação de *Cellvibrio*, e a absorção de estrume estimula o crescimento de *Cztophaga.* Nos solos fertilizados, o número de fungos que degradam a celulose diminui drasticamente, sendo substituídos pela flora bacteriana: *o Clostridium pasteurianum* encontra-se em grandes quantidades no subsolo e nos solos vivos, e na zona sul (aveleira e solo) é claramente *substituído* pelo *Cl. acetobutzlicum.* A nutrição proteica é necessária para o desenvolvimento deste último microrganismo e, obviamente, os solos meridionais ricos em biomassa microbiana (ou seja, em proteínas) correspondem ao seu desenvolvimento. A Azobacter desenvolve-se em solos ricos em compostos de fósforo favoráveis, com um meio ambiente aproximadamente neutro e uma quantidade suficiente de matéria orgânica e água. Na zona de chernozem e nos solos do sul (castanheiro e serozem), encontra-se constantemente em solos irrigados, ou seja, suficientemente húmidos. Nos solos não irrigados, reproduz-se como efémero primaveril quando o solo está húmido. Para se ter uma ideia clara da distribuição dos microrganismos no perfil de diferentes solos, apresentam-se no Quadro 6 os dados correspondentes a quatro tipos de solos diferentes. Chernozem é, por razões óbvias, o solo mais rico em microrganismos e com o perfil microbiológico mais profundo. Nos solos do norte, a camada com muitos microrganismos é relativamente pequena e a profundidade do perfil da microflora do solo muda consideravelmente. Nas camadas mais profundas, o perfil da microflora do solo é relativamente mais rejeitado e, muitas vezes, actinomicetes. Este facto é particularmente visível no caso dos chernozems e serozems - os tipos de solo em que existe mais do que um destes grupos microbianos.

**Tabela 7: Número de microrganismos no perfil de diferentes tipos de solo (103 / 1g de solo)**

| Depth, cm | Humus,% | Total number of bacteria | Spoiled bacteria | Aktinomicete | Mushrooms |
|---|---|---|---|---|---|
| Busenasto-clay tundra, Kalsko peninsula | | | | | |
| 0-5 | - | 2960 | 5,4 | 19,0 | 70,0 |
| 5-10 | 2,5 | 1057 | 4,7 | 11,0 | 25,0 |
| 20-30 | 2,2 | 450 | 3,0 | 2,0 | 4,0 |
| 40-50 | 1,0 | 100 | 0,5 | 1,2 | 1,5 |
| 70-80 | 0,2 | 15 | 0,5 | 0 | 0 |
| Busenasto-podzolno, Moscow oblast | | | | | |
| 0-5 | 3,4 | 1600 | 180 | 170 | 40,0 |
| 5-10 | 3,3 | 780 | 175 | 61 | 18,9 |
| 20-30 | 1,4 | 148 | 59 | 33 | 0,9 |
| 40-50 | 0,4 | 77 | 16 | 9 | 0,5 |
| 70-80 | 0,1 | 20 | 12 | 4 | 0,3 |
| Chernozem, Kharkov Oblast | | | | | |
| 0-5 | 9,2 | 8950 | 815 | 835 | 37,0 |
| 5-10 | 9,1 | 6650 | 945 | 1015 | 36,5 |
| 20-30 | 7,7 | 835 | 825 | 126 | 19,3 |
| 40-50 | 4,5 | 200 | 200 | 24 | 17,2 |
| 70-80 | 2,7 | 148 | 148 | 13 | 0,3 |
| Serozem, Uzbekistan | | | | | |
| 0-5 | 2,2 | 1500 | 505 | 780 | 20,0 |
| 5-10 | 2,1 | 800 | 350 | 700 | 12,0 |
| 20-30 | 1,0 | 560 | 96 | 360 | 2,4 |
| 40-50 | 0,5 | 110 | 69 | 160 | 0,4 |
| 70-80 | 0,3 | 90 | 17 | 150 | 0,2 |

*Factores de risco que regulam a composição dos microrganismos do solo*

A poluição do solo com várias substâncias leva a alterações na composição dos seus micronutrientes. A quantidade de compostos introduzidos no solo o solo determina a duração das alterações ocorridas (Bukic, Madnic, 1999; Mandic et al., 2005). Em princípio, cada solo tem o potencial de restaurar o seu preço-espelho.

A autorregulação do preço - homeostase microbiana - ocorre numa variedade de ecossistemas naturais e artificiais como resultado da interação dos ciclos de matéria e energia (Odum, 1975).

Os processos de auto-purificação do solo de microrganismos "estranhos" são causados por uma série de factores. Obviamente, os produtos metabólicos de organismos e plantas que se acumulam no solo são mecanismos sonoros de autorregulação. As experiências efectuadas por Nikitin (1978) mostram que se acumulam no solo substâncias que inibem o crescimento de muitos microrganismos. Estas substâncias decompõem-se durante a esterilização térmica e o tratamento do solo com y-zracia. A seguinte observação pode ser feita para estas necessidades. Se o solo colocado nas placas de Petri for preenchido com um ágar estéril e a sua superfície for plantada com uma suspensão de solo após o endurecimento, então, no caso de solo estéril, crescerão numerosas colónias, e no caso de não estéril - colónias únicas. Este facto é bem ilustrado pelos dados sobre o crescimento inibidor do crescimento de microrganismos com solo não esterilizado (o número de colónias formadas).

Por exemplo, o solo não esterilizado contém algumas substâncias que se difundem no ágar e suprimem o crescimento dos microrganismos. A esterilização destrói a coqueificação, mas se o solo esterilizado for infetado com uma pequena quantidade de solo, torna-se novamente tóxico após alguns dias.

Os produtos nocivos de origem microbiana incluem ácidos orgânicos, compostos fenólicos formados durante a decomposição de resíduos vegetais, algumas fracções de substâncias húmicas, etc. Não se pode excluir a acumulação no solo de alguns gases que inibem o crescimento dos microrganismos, como os óxidos de etileno, os álcoois alifáticos, os terpenos, etc. Alguns compostos tóxicos isolam as plantas ou formam-se durante a decomposição dos seus restos (Grodzinski, 1976).

O antagonismo e o parasitismo desempenham um certo papel na regulação da composição do preço do solo. Por exemplo, muitas bactérias são ainda valorizadas pelos protozoários. Existem parasitas, por exemplo bactérias do género Bdellovibrio, que atacam ativamente outras bactérias (Kudaj et al., 1970;

Sidorenko et al, 1976, Nikitin, Nikitin, 1978; Stolp, 1968, e outros). Foram descritos parasitas primitivos (*Aphelidium, Amoeboaphelidium*) - organismos que ocorrem entre protozoários e algas e parasitam em algas verdes e cianobactérias (Gromov, 1976).

De um modo geral, os produtos da atividade vital dos microrganismos e das plantas que se acumulam no solo, bem como as relações mútuas estabelecidas entre muitos grupos de micróbios do solo, conduzem à sua estabilidade realista e à tendência para remover formas de microrganismos que lhe são estranhas. Isto também determina o processo de auto-purificação do solo, que será considerado aqui.

Recentemente, os pesticidas têm sido utilizados na vida quotidiana e na agricultura. Trata-se de insecticidas, que são utilizados para proteger contra insectos nocivos, nematicidas - preparações contra vermes dos fios, fungicidas - agentes de proteção contra fungos patogénicos e herbicidas, que são utilizados para controlar as ervas daninhas.

A utilização prolongada de algumas destas substâncias no solo pode resultar na acumulação de elementos secundários (cobre, zinco, etc.) em concentrações que são tóxicas para um certo número de plantas e microrganismos.

Foi demonstrado que algumas substâncias se dissolvem lentamente e podem acumular-se não só no solo, mas também na planta. Se entrarem no corpo dos seres humanos ou dos animais, estas substâncias causam doenças graves. Estes compostos incluem o DDT, que era utilizado em quase todo o lado. A utilização do DDT está agora proibida, exceto em caso de epidemias súbitas ou de infecções transmitidas por insectos. Não só o DDT mas também a simazina degradam-se lentamente no solo.

Sobrevivência de bactérias patogénicas no solo (no caso da Coxiella burnetii e das bactérias resistentes ao amebo).

A Coxiella burnetii é o agente causador da febre Q (coccomicose) - uma doença com um centro de gravidade natural. A distribuição generalizada e os prejuízos económicos causados pela febre Q colocam-na entre as principais doenças. A febre Q constitui uma ameaça grave não só para os seres humanos, mas também para os animais domésticos. (Problemas da eclosão do cacau na

Limiar do terceiro milénio, 2002). A infeção transmite-se principalmente por aspiração (Tarasevic, 2002).

Estudos epidemiológicos demonstraram de forma convincente nos últimos anos que esta doença deve ser considerada um verdadeiro problema de saúde em muitos países (França, Grã-Bretanha, Itália, Espanha, Alemanha, Israel, Grécia, Canadá, Rússia, etc.), mas não é reconhecida devido a uma vigilância inadequada da infeção (Maurin, Raoult, 1999). A eficácia da vigilância epidemiológica da coccoliose pode ser aumentada pela colaboração de uma vasta gama de profissionais (médicos, veterinários, ecologistas) e é muito importante chamar a atenção dos cientistas do solo para o estudo da interação entre a cobertura do solo e a saúde humana.A capacidade de estudar a estrutura da comunidade microbiana tem sido limitada até há pouco tempo, devido à falta de uma estratégia de cultivo adequada para determinar a diversidade da diversidade (Crawford, 2005), 2000; La Scola, Raoult, 2001; Greub, Raoult, 2002; Abd et al, 2005) e novas espécies de microrganismos em diferentes objectos no ambiente. *A C. burnetii* pode sobreviver durante 20 dias em diferentes tipos de solo. Os sintomas de infeção dos animais experimentais não são pronunciados e foi demonstrado que o baço e a presença de C. burnetii no mesmo aumentam. A taxa de sobrevivência de C. burnetii nos locais de ensaio a diferentes temperaturas é aproximadamente a mesma, variando entre 1,36 e 3,67 unidades condicionais.

**Quadro 8: Grau de sobrevivência do país**

| Land types | Survival, conditional units | | |
|---|---|---|---|
| | 20°C | 4°C | -20°C |
| Busen-podzolno | 2.47 | 2.89 | 3.67 |
| Gray forest | 2.25 | 2.92 | 2.97 |
| Chernozem | 1.36 | 2.58 | 2.67 |
| Chestnut | 2.25 | 2.89 | 3.36 |
| Powerful | 225 | 2.75 | 2.78 |

Em geral, a variação das propriedades dos diferentes tipos de solo não conduziu a diferenças estatisticamente significativas na taxa de sobrevivência de *C. burnetii.* A decomposição térmica da matéria orgânica, que reduz o teor de carbono orgânico em 2,2 vezes, aumenta significativamente a taxa de sobrevivência de *C. burnetii* - de 1,36 para 3,00 unidades (também 2,2 vezes). O tratamento das amostras de solo com perhydrol (solução aquosa de peróxido de hidrogénio a 30 %) provoca uma redução ainda maior do teor de carbono orgânico - por um fator de 15,1, o que leva a um novo aumento, embora proporcionalmente menor, da taxa de sobrevivência para 2,00 unidades (por um fator de 2,9).

*O C. burnetii* é ecologicamente muito tolerante à temperatura de incubação do solo infetado (-20, +4, +20 T). A capacidade de sobrevivência do agente patogénico aumenta com a diminuição da temperatura, independentemente do tipo de solo.

*Enterococos como indicadores de contaminação do solo*

Os enterócitos foram descritos pela primeira vez por Tirselin (Thiercelin, 1889) e designados *Enterococus proteiformis*. É uma bactéria asporogénica, ligeiramente alongada (0,5-1,0 ^m) que ocorre normalmente aos pares. Fermenta a glucose e produz principalmente ácido lático. Mais tarde, foi explicado que *Enterococus proteiformis* é um representante de um grande grupo de microrganismos que vivem nos intestinos dos seres humanos e dos animais. Os seguintes representantes do género Streptococcus faecalis (Enterococcus proteiformis) e algumas das suas variantes - *S. faecium, S. são S. equinus,* como indicador de contaminação fecal. Estas espécies foram adaptadas aos hospedeiros de uma determinada forma.

Os microrganismos listados nos solos contaminados podem chegar às plantas. Em solos fertilizados, os enterococos são frequentemente encontrados na superfície da planta, enquanto nenhum é encontrado em plantas que não são fertilizadas com fertilizantes orgânicos. A composição da microflora epitelial normal é o agente patogénico da digestão do ácido lático - *S. lactis* (Mendrek, Barnes, 1952; Mundt. et al., 1958; Bogdanov, 1959; Mundt., 1963; Geldreich et al., 1964).

Do que precede, pode concluir-se que os enterococos podem ser utilizados como um indicador do estado sanitário do ambiente, incluindo o solo. É conveniente pela relativa facilidade da sua deteção. Através da utilização de enterococos, a poluição pode ser distinguida da fonte de seres humanos e animais.

*Bactérias do género Salmonella no solo*

Os agentes causadores da doença do timo, que pertencem ao género *Salmonella*, são estafilococos que não formam esporos ou cápsulas. São dotados de alvos peritríquios. Não tenha medo do método Grama.

Estes microrganismos pertencem aos anaeróbios facultativos. Crescem com os nutrientes habituais (MPA, bagaço, tubérculo, leite). Digerem um grande número de açúcares, ácidos e - em certos casos - também gases. É caraterístico do grupo das bactérias tifóides o facto de não assimilarem a lactose. Não formam indol durante o desenvolvimento de depósitos de proteínas. Não petizam a gelatina. As bactérias tifóides formam colónias delicadas em nutrientes sólidos.

Algumas bactérias do género *Salmonella*, que se desenvolvem nos produtos, acumulam substâncias tóxicas nos mesmos. A utilização de nutrientes semelhantes conduz a doenças tóxico-infecciosas. A natureza microbiana do envenenamento foi notada pela primeira vez por Salmon (Salmon, 1885), em cuja honra este grupo de microrganismos é chamado *Salmonella.*

Nas doenças humanas e animais causadas pela salmonelose, os microrganismos patogénicos são excretados em grande número nas fezes. $^{-7-9}$O seu título nas fezes atinge 10 - 10 . Ao mesmo tempo, o número de bactérias estomacais e anaeróbias intestinais típicas é reduzido. Surgem variantes citrato-positivas do trato intestinal, que são caraterísticas das fezes de pessoas com doenças intestinais crónicas. A contaminação do solo com Salmonella pode ocorrer tanto diretamente através das fezes como através de águas residuais tratadas mecanicamente.

Zabolotny (1927) era da opinião de que os micróbios do tifo, da cólera e da disenteria morriam rapidamente no campo sem terem de competir com os saprófitos do campo. Um ponto de vista análogo foi defendido por Gorovic - Vlasova (1927), que também assumiu que os micróbios tifoides e paratifoides não têm uma elevada resistência à vida no ambiente externo. Permanecem viáveis nas águas residuais durante um período relativamente longo (até duas semanas) e existe um relatório sobre a sobrevivência relativamente longa das bactérias da febre tifoide e da cólera no solo, o que atribui um papel significativo ao solo na eclosão de algumas epidemias, e a viabilidade das bactérias da salmonelose em pastagens e habitats é de grande importância epizoótica. De acordo com Tulabaev (1956), a viabilidade da Salmonella nos solos ricos em matéria orgânica de Samarkand durava 126 a 137 dias. A longa vitalidade das bactérias tifóides também foi observada no solo contaminado com fezes de gado. A Salmonella encontrada num local comprovado sobreviveu 136 dias, e numa sementeira 145 a 151 dias.Ao realizar experiências de campo para determinar o risco de vida da *S.enteritidis* em pastagens nas condições climáticas da região de Omsk, Gubikin (1963) descobriu que o tempo de sobrevivência destas bactérias no solo depende da cobertura de erva e da radiação solar. Na estação quente, no solo húmido da pastagem e sob forte cobertura de erva, o período de sobrevivência do bálsamo é de 57-64 dias. Em chernozes sob um ângulo, as hastes de Paratispus a uma profundidade de 20 cm foram extintas durante 72 dias. Em suvodolini com plantação esparsa e baixa humidade, a malmonela que tinha penetrado no solo morreu em 28 a 35 dias. Estas observações são o resultado da utilização de métodos comuns de investigação. Com base em materiais generalizados, Marzeev et al. (1936) deram os seguintes limites de tempo aproximados para a sobrevivência de bactérias tifóides e paratifóides no solo:

**Quadro 9: Sobrevivência de bactérias tifóides e paratifóides no solo**

| Substrate, land | Typhoid bacteria, days | Paratyphoid bacteria, days |
|---|---|---|
| Podzolno | 20 – 40 | 35 |
| Chernozem | 20 – 60 | 35 |
| Chestnut | 45 | 20 |
| Crvenica | 4 | 20 |
| WC-cave | 30 – 150 | - |
| Chair (excrement) | 300 – 100 | - |

Em 1965, Percovska publicou um artigo com as seguintes informações gerais, com base em material experimental geral sobre a preservação de bactérias do grupo tifoide-paratifoide no solo:

**Quadro 10: Tempos de sobrevivência do grupo do tifo paratifoide no solo**

| Substrate | Survival time, days |
|---|---|
| Lands | 35 – 400 |
| Manure, compost | 14 – 244 |
| Soils of the field of soaking | 90 |

No final dos anos 70 e 80 do século passado, foram publicados vários estudos muito controversos sobre a determinação dos limites temporais para a sobrevivência da Jalmonella no solo: segundo alguns, o processo de auto-purificação termina em poucas semanas (Seidov, Dzafarova, 1996; Guding, Krogstad, 1975), segundo outros demora vários meses (Tarkov et al., 1973; Markova, 1976; Zavarjuha, Degadjuk, 1976).

Na estação fria de Malmö, sobrevivem no solo durante muito tempo. Isto pode ser explicado pelo facto de o efeito antagonista dos microrganismos saprófitas ser reduzido. Segue-se um resumo dos dados sobre os efeitos das estações do ano na viabilidade das bactérias tifoide-paratifoide no solo.

**Tabela 11: A influência das estações do ano na viabilidade das bactérias paratróficas do tifo**

| Season | Vitality time, days | The author |
|---|---|---|
| Spring | 2-3 | *Pikovskaja, Gelasvili,* 1955 |
| Summer | to 19 | |
| Autumn | to 31 | |
| Spring | 2-9 | *Gogolj, Bustueva,* 1964 |
| Summer | 27-39 | |
| Autumn | 11 | |
| Spring | 5 | *Ponomareva, Bessonova, Gurenko,* 1967 |
| Summer | 18 | |
| Autumn | 13 | |

Foi demonstrado que vários factores influenciam a duração da sobrevivência *da Salmonella* no solo. Entre os mais importantes (para além da densidade de infeção) estão o tipo de solo e o seu teor de humidade. As bactérias podem sobreviver durante mais tempo em solos com uma estrutura mecânica forte, o que é propício a níveis de humidade mais elevados. A presença de matéria orgânica, de micróbios favoráveis e a massa de infeção do solo prolongam o tempo de sobrevivência da medusa. A baixa acidez reduz o tempo de vida da estirpe cellellau do solo.

A sobrevivência da *Salomonella* no solo é também fortemente influenciada pela temperatura. A temperaturas mais elevadas, as bactérias morrem mais rapidamente. Por conseguinte, em camadas mais profundas do solo e em condições de clima frio, a Salmonella durante um longo período de tempo (Tarkov et al., 1972; Makawi, 1973, Markova, 1976, etc.).

Em resumo, pode afirmar-se que as bactérias tifóides podem permanecer vitais no solo durante muito tempo em certas condições, que são determinadas pelo grau e tipo de poluição, pelo tipo de solo e por factores temporais. Por conseguinte, não é necessário negar o possível papel do solo como fator epidémico. A probabilidade de uma longa sobrevivência das bactérias tifóides em substratos de outros tipos também não pode ser excluída.

*Fontes, tipos e formas de contaminação do solo*

A intensificação da agricultura e o progresso tecnológico da indústria e dos transportes conduziram à criação de desequilíbrios ambientais, à rutura do equilíbrio dos ecossistemas e à deterioração da situação ecológica em todos os domínios da atividade humana. As empresas industriais poluem a atmosfera com subprodutos e efluentes gasosos e sólidos que contêm grandes quantidades de substâncias nocivas, por vezes muito tóxicas, que afectam a flora e a fauna. Estas substâncias acabam por chegar à alimentação humana através das plantas e dos animais. A inibição da produção agrícola conduz igualmente à poluição dos solos, da água, do ar e dos alimentos. Nalgumas regiões e cidades, a situação ecológica é tensa.

De acordo com as previsões futurológicas, espera-se que em 2020 haja cerca de 8.109 habitantes na Terra, contra 5.109 em 1986. A população urbana tende a aumentar. Esta situação demográfica terá naturalmente um impacto negativo na situação ecológica.

A tentativa de aumentar o valor nutricional dos recursos conduz a uma rápida deterioração da situação ecológica no domínio da produção agrícola. Isto conduz ao empobrecimento do solo (redução do teor de húmus), à sua compactação e à poluição da água e dos alimentos.

É de salientar que as elevadas concentrações de azoto nos processos de desnitrificação podem produzir não só azoto, mas também o seu óxido ($N_2O$), que, tal como o fronon, pode ter um efeito negativo na camada de ozono que rodeia a Terra.

o planeta. Por exemplo, a utilização excessiva de fertilizantes minerais na agricultura pode ter consequências negativas a nível mundial. A redução das massas florestais tem um impacto negativo no balanço hídrico, conduz a uma alteração do espaço, à destruição de muitas espécies animais e vegetais, especialmente nas zonas subtropicais, e prejudica as trocas gasosas na atmosfera e a purificação do ar. A poluição da atmosfera com dióxido de enxofre conduz à "chuva ácida". Em caso de desvio, a energia nuclear conduz à poluição radioactiva do ambiente. A construção de centrais hidroeléctricas provoca a inundação de terrenos agrícolas férteis, a redução dos recursos haliêuticos, a deterioração do poder de autodepuração da água e muitas outras consequências.

*Proteção sanitária básica do solo*

O problema da proteção do solo contra a poluição é particularmente grave agora que foi estabelecido que muitos microrganismos patogénicos não só são capazes de manter a sua vitalidade como também de se multiplicar no solo. Na epidemiologia de numerosas doenças infecciosas e invasivas, o solo pode ser tanto a fonte direta de infeção como a fonte indireta de poluição das fontes de abastecimento de água e de outros objectos ambientais.

O critério higiénico da qualidade do solo foi formulado por Gorbov (1964) no artigo "On the issue of hygienic soil assessment" - o critério higiénico do solo inclui as suas propriedades, os microrganismos nele presentes, que podem prejudicar a saúde e a perceção subjectiva das pessoas que entram em contacto com o solo através da água, do ar, das plantas e dos insectos, bem como dos materiais de construção.

Uma tarefa muito importante na avaliação do solo é a normalização higiénica. Sabe-se que existem certas normas de higiene para o teor de microrganismos e substâncias químicas nas bacias hidrográficas, no ar e no ar interior, nos géneros alimentícios, etc. O número de normas, o chamado MDK (concentração máxima admissível), o MDP (quantidade residual máxima admissível) em várias ordens de grandeza já atingiu um número impressionante, medido por centenas de nomes.

Os representantes das empresas e das instituições responsáveis pelos projectos, pela construção e outras organizações são obrigados a prever e aplicar medidas para evitar a poluição do ar, das bacias hidrográficas, das águas subterrâneas e do solo durante o planeamento, a construção, a reconstrução e a utilização das empresas e dos serviços públicos, e são responsáveis pelo incumprimento dessas obrigações.

Devem também ser definidas medidas veterinárias e de higiene específicas em caso de várias doenças animais. A luta contra a contaminação dos solos é particularmente importante. A proteção das florestas é de grande importância para a eliminação da erosão dos solos, a preservação do regime de humidade e temperatura, a construção de zonas de proteção para nascentes, termas, parques infantis e campos desportivos.

Deve reconhecer-se que praticamente todos os países sofrem de poluição do ambiente, incluindo o solo. A redução da quantidade de resíduos e de águas residuais pode ser conseguida através da criação de um ciclo fechado com abastecimento de água dentro da empresa, alterando a tecnologia de produção com a remoção de substâncias nocivas e substituindo-as por substâncias inofensivas e que consomem resíduos na indústria ou na agricultura.

## METODOLOGIA

Para este trabalho, foram colhidas amostras de solo nas parcelas das aldeias situadas ao longo do vale do rio Morava do Sul. Trata-se das aldeias de Cukovac, Zlatokop, Ribnice e Kupinince. Analisámos a qualidade do solo em que as plantas são semeadas antes, depois e após uma inundação. Os testes foram concebidos para mostrar como a qualidade do solo muda. Os tipos de solo analisados foram o Smonica e o Peskusa. O Smonica é preto, rico em húmus e é um dos nossos solos mais férteis. A composição e a qualidade do solo dependem da qualidade do rendimento subsequente de uma planta que é plantada ou semeada neste solo. As amostras de solo utilizadas para a análise foram examinadas no laboratório dos Serviços de Aconselhamento e Consultoria Agrícola em Vranje.

A primeira etapa consiste na recolha de amostras. As amostras de solo foram colhidas em parcelas mais pequenas e parcelas cadastrais cuja área pertence ao mesmo tipo de cultura de solo. As amostras de solo foram colhidas a uma profundidade de 15 cm.

A amostragem foi efectuada após a colheita do milho. A época após a colheita do trigo é a melhor para a amostragem porque é uma cultura que deixa uma superfície limpa e plana, há tempo suficiente para preparar o solo para a plantação da cultura seguinte e a maior parte do trigo não é fertilizada com estrume, o que reduz o risco de amostras de solo não homogéneas. Para a análise do solo, foram utilizados os seguintes métodos: colorimétrico, fotométrico, potenciométrico e espetrofotométrico. Para o método potenciométrico, foi utilizado um medidor de pH, um espetrofotómetro clássico para determinar o fósforo e um fotómetro de chama - um dispositivo para determinar o potássio (Kovacevic, 2003). Estes métodos determinam o valor do pH do solo, o teor de potássio, fósforo, azoto e húmus. A tarefa da calibração consiste em determinar em que medida o teor de nutrientes determinado pela análise é importante para as culturas cultivadas e que significado têm outras propriedades do solo, em que medida a disponibilidade de nutrientes é importante para as culturas cultivadas. O objetivo da calibração é mostrar onde se situam os limites entre um mau e um bom fornecimento de fósforo, potássio e outros nutrientes num solo (Kovacevic, 2003). A tarefa da calibração é determinar o que significa a análise da cultura cultivada, que determina o conteúdo de nutrientes e outras propriedades do solo, e até que ponto isso depende da disponibilidade de nutrientes para as culturas cultivadas.

*Método potenciométrico de determinação do pH*

Na monitorização ambiental, a potenciometria é utilizada principalmente para medir o pH. O equipamento utilizado para as medições potenciométricas é simples e consiste num elétrodo de referência, num elétrodo indicador e num potenciómetro. Em condições ideais, o elétrodo de referência tem um potencial constante, conhecido e suficientemente forte. Na prática, deve ser rígido e fácil de manusear e ter um potencial constante, mesmo que não haja corrente na célula. O elétrodo indicador deve reagir rapidamente e com precisão à alteração da atividade dos iões analisados (Skoog et al., 2007).

Na análise potenciométrica do valor de pH em água, o calomelano é utilizado como elétrodo de referência e o elétrodo de membrana como indicador. O elétrodo de calomelano é utilizado para medições de oxidação-redução e para a maioria das outras análises electroquímicas devido à sua facilidade de utilização. O elétrodo contém

Mercúrio, que está em contacto com o seu sal pouco dissolvido Hg2Cl2 (calomelano), que por sua vez está em contacto com a solução de cloreto de potássio (KCl). A solução de KCl está ligada à amostra através do "pavio". A reação tem lugar no elétrodo:

O potencial deste elétrodo depende da concentração de KCl, pelo que se divide em três tipos: normal (1,0 N), 0,1 N e saturado. O elétrodo de calomelano saturado (SCE) é o mais utilizado (Skoog et al., 2007).

$$2Hg + 2Cl^- \rightarrow Hg_2Cl_2 + 2e^-$$

Os eléctrodos de membrana dividem-se em cristalinos e não cristalinos. Na medição do valor de pH, é utilizado um elétrodo de vidro, que pertence ao tipo não cristalino. O elétrodo de vidro tem uma estrutura semelhante à dos calorímetros de referência, exceto que, em vez da solução de KCl, está presente uma concentração precisamente definida de ácido clorídrico (HCl) e não existe um "fityl" para a ligação eléctrica direta com o analito, mas sim uma "área sensível". Ao medir o valor de pH, o shahehter é ligado ao elétrodo de referência e mede o valor de pH no intervalo (Skoog et al., 2007).

A fórmula para calcular o valor do pH é

[H +] representa a equivalência dos iões de hidrogénio, medida na unidade de molaridade, ou o número de iões de hidrogénio num litro da solução dada.
Este método foi utilizado para determinar o valor do pH do solo, a fim de verificar se o solo é ácido ou alcalino e que medidas devem ser tomadas com base nos resultados obtidos.
Com base no cálculo do pH, as terras são classificadas em cinco grupos:

$$\mathrm{pH} = -\log_{10}[H^+] \quad (4)$$

- alcalino (> 7,20 pH);
- neutro (6.51 - 7.20);
- baixa acidez (5,51 - 6,50);
- azedo (4.51 - 5.50)
- muito ácido (<4,50).

*O método de Kotzman para a determinação do húmus*

A determinação do teor de húmus consiste na oxidação da matéria orgânica pela solução de KMnO4 (utilizada para a titulação), através da qual o carbono do húmus é oxidado e convertido em $CO_2$. A quantidade de $CO_2$ libertada durante a oxidação do carbono do húmus não é calculada diretamente, mas é determinada pela quantidade de oxidante destruído durante a oxidação do carbono da matéria orgânica na amostra de solo analisada, sendo depois a quantidade de carbono calculada pelo coeficiente. (Misovic, Ast, 1978).

A percentagem de húmus é calculada através da seguinte fórmula

$$\% \text{ humusa} = \frac{A \cdot 0{,}514 \cdot 1{,}72 \cdot 100}{C} \qquad (1)$$

Onde é que se encontra:

A-ml da solução 0,1n de KMn04 utilizada para a oxidação do carbono da amostra de ensaio

0,514 - coeficiente que indica que cada ml de KMnO4 0,1n oxida 0,514mg de C a $CO_2$

1,72 -coeficiente de conversão de mg C em húmus

C - amostra de solo colhida, expressa em mg

100- Número para calcular os resultados em percentagem.

*Determinação do fósforo alcalino e do potássio no solo Método Al*

Foram desenvolvidos vários métodos químicos para a determinação das formas de fósforo e potássio acessíveis às plantas, com base na extração destes elementos da amostra de solo por vários agentes de extração. Os ácidos orgânicos e minerais diluídos e as soluções salinas tamponadas são utilizados como agentes de extração, que se presume conterem fósforo e potássio.

potássio do solo em relação às quantidades disponíveis para as plantas. O método mais adequado para determinar o fósforo e o potássio no solo é o método Al.

O método do Al é considerado mais adequado do que os outros, uma vez que o fósforo alcalino e o potássio são determinados com o mesmo extrato. O método baseia-se na extração do fósforo alcalino e do potássio com uma solução de Al. A partir do extrato, o fósforo é determinado colorimetricamente e o potássio é determinado por fotometria de chama. No extrato conjunto resultante, o fósforo é determinado por um método colorimétrico.

*Métodos colotrimétricos*

O método baseia-se no facto de alguns elementos ou substâncias, quando dissolvidos num determinado solvente, darem origem a soluções carateristicamente coloridas, ou de a coloração ocorrer como resultado da reação da substância em causa com o reagente correspondente. A intensidade da cor resultante depende da concentração da substância em estudo na solução. Através da medição da intensidade da coloração, é possível determinar quantitativamente a concentração do elemento em estudo na solução. A coloração resultante pode ser medida com instrumentos de medição: Colorimetria e espetrofotómetro.

O princípio da colorimetria baseia-se na lei de Lambert-Beer, que estabelece que o logaritmo da absorção da luz que atravessa uma solução com uma determinada intensidade de cor é proporcional à espessura da camada de solução e à concentração da substância corante dissolvida. Nos métodos colorimétricos, para determinar a concentração desconhecida da substância em estudo, a cor da solução de concentração desconhecida é comparada com a cor da solução de concentração conhecida, alterando-se o comprimento da emissão de luz (espessura da camada) até que as soluções atinjam a mesma intensidade de cor. A absorvância da solução de concentração desconhecida (A2) é então igual à absorvância da solução de concentração conhecida (A1)

*Princípio da determinação colorimétrica do fósforo*

O molibdato de amónio (NH4) 6Mo7O24 forma um complexo fosfomolibdénio com o fósforo presente na solução de extração, que forma um complexo azul na presença de um agente redutor (estanocloreto SnCl2 x 2H2O), cuja intensidade depende da concentração de fósforo na solução. A intensidade da coloração (adsorção e transparência) é medida com o colorómetro, primeiro para uma série de soluções-padrão, com base nas quais é elaborada a curva de calibração, e depois para uma série de amostras ensaiadas. A curva de calibração mostra a dependência da intensidade adsorvida ou da intensidade da luz transmitida em relação à concentração de fósforo na solução. Esta dependência é uma linha reta até uma determinada concentração. Se a adsorção for evidente para a amostra de ensaio, a concentração de fósforo, expressa em mg P2O5 / 100 g de solo, é determinada a partir da curva de calibração.

A calibração deve mostrar onde os limites são fracos e onde se situa o bom abastecimento de um solo com fósforo, potássio ou outros nutrientes, para além do qual se pode esperar um bom ou mau desempenho dos adubos fosfatados e potássicos. (Misovic, Ast, 1978).

Com base na concentração de fósforo alcalino no solo (método Al), o solo é categorizado em três classes para as culturas individuais (Quadro 12).

**Quadro 12: Classificação dos solos com base no teor de fósforo no solo (Varga, 2015)**

| Security class | The content of alkaline phosphorus is $P_2O_5$ / 100g mg |
|---|---|
| Land | 0 – 10 |
| III – poor | 10 – 20 |
| II - medium | >20 |

Uma vez que o teor de fósforo de cadeia leve para as plantas no solo depende de uma série de factores, fala-se hoje de baixo, médio e elevado teor de fósforo no solo e não de boas, médias ou más necessidades de fósforo para as plantas. Devido à diferente capacidade de absorção do fósforo pelas plantas, às diferentes condições de mobilização do fósforo no solo, um teor baixo nem sempre tem de ser insuficiente para uma determinada cultura ou vice-versa, etc.

Um dos factores mais importantes que determinam a acessibilidade do fósforo às plantas é a reação do solo (valor pH). Ao interpretar os resultados, devem ser tidas em conta as diferenças entre solos ácidos, neutros e alcalinos, ou seja, entre o carbonato injetado (pH em KCl <6,00) e o carbonato do solo (pH em KCl> 6,01) (quadro 13).

**Quadro 13: Valores-limite condicionais para o teor de fósforo de cadeia leve em função da reação do solo (valor de pH) (Pantovic et al., 1989)**

| Phosphorus content | mg $P_2O_5$/100g | |
|---|---|---|
| | pH u KCl < 6,00 | pH u KCl > 6,01 |
| Very low | <6,0 | <10,0 |
| Low | 6,1 - 10,0 | 10,1 - 15,0 |
| Middle | 10,1 - 16,0 | 15,1 - 20.0 |
| High | >16 | > 20 |

*Método de Kjeldal para a determinação do azoto*

O método clássico de Kjeldal é utilizado para determinar o teor de azoto total. A determinação do azoto segundo este método baseia-se na destruição das amostras, a fim de converter o azoto em amoníaco e determinar o amoníaco na digestão (Misovic, Ast, 1978). A degradação é efectuada por aquecimento das amostras com H2SO4 concentrado e substâncias que favorecem a oxidação da matéria orgânica e a conversão do azoto orgânico em amoníaco. O azoto é então determinado por titulação do amoníaco por destilação dos resíduos da decomposição com uma base forte. Durante a destilação com vapor aquoso e uma base forte, o azoto é bombeado para fora sob a forma de amoníaco e "recolhido" numa solução de ácido bórico. A quantidade de azoto no ácido bórico é determinada por titulação do ácido sulfúrico de normalidade conhecida e calculada através do cálculo do teor total de azoto no solo em percentagem (% N) .

$$\%N = \frac{(a-b)\cdot 0{,}14}{P}\cdot 100 \qquad (2)$$

Onde em

a - ml de $H_2SO_4$ 0,01N utilizado para a titulação da amostra

b - ml de $H_2SO_4$ 0,01N utilizado para a titulação da amostra em branco

0,14 ml de $H_2SO_4$ 0,01N corresponde a 0,14 mg de $N\text{-}NH_4$
P- mg Amostra de solo que entrou no processo de destilação

**Quadro 14: Valores-limite para zonas de segurança com azoto total de acordo com Wohltmann (Varga, 2015)**

| The class security | Total nitrogen content | Limit value |
|---|---|---|
| I | Very rich | > 0,3 %N |
| II | Rich | 0,2 - 0,3 %N |
| III | Good | 0,1 - 0,2 %N |
| IV | Middle | 0,06 - 0,1 %N |
| V | Poor | 0,03 – 0,06 %N |
| VI | Very poor | 0,02 – 0,03 %N |
| VII | Limited land for cultivation of plants | < 0,02 %N |

O quadro 14 apresenta sete classes de segurança para o teor de azoto total do solo. Este quadro é utilizado para determinar a classe a que pertence o solo para o qual se analisa a quantidade e a presença de azoto. Com base no Quadro 14, o solo pode ser muito rico, rico, medianamente rico, pobre e muito pobre em azoto. Se os valores de azoto forem inferiores a 0,02, então o solo só é adequado para o cultivo de culturas.

Os resultados do exame de várias amostras de solo serão analisados no período de julho de 2013 a outubro de 2014.

## RESULTADOS DA INVESTIGAÇÃO E DISCUSSÃO

Os resultados obtidos neste estudo indicam diferentes qualidades de solo. O quadro 15 apresenta os resultados da qualidade dos solos em que as plantas foram semeadas em 2012. O objetivo era mostrar a riqueza do solo em azoto, fósforo, potássio e húmus e o valor do pH desse solo após a colheita.

**Quadro 15: Teor de vários parâmetros nos países das amostras analisadas (K, P, húmus, N e pH em %)**

| pH | Humus, % | N, % | P, % | K, % |
|---|---|---|---|---|
| 5.43 | 3.58 | 0.2 | 10.21 | 34 |
| 6.02 | 2.74 | 0.17 | 15.17 | 11.22 |
| 5.78 | 3.14 | 0.19 | 12.78 | 31.23 |
| 6.42 | 5.28 | 0.23 | >40 | 21.14 |
| 5.71 | 9.14 | 0.42 | >40 | 18.79 |
| 5.31 | 2.45 | 0.13 | 20.15 | >40 |
| 4.78 | 4.85 | 0.28 | 37.76 | 15.22 |
| 4.79 | 3.78 | 0.25 | 17.87 | 22.13 |
| 5.56 | 8.24 | 0.39 | 36.18 | 35.41 |
| 5.06 | 5.15 | 0.24 | 19.21 | 24.31 |
| 4.49 | 3.78 | 0.18 | 9.48 | 32.41 |
| 5.15 | 2.40 | 0.12 | 16.26 | 10.86 |
| 5.09 | 3.34 | 0.14 | 15.24 | 18.64 |
| 6.75 | 9.17 | 0.46 | >40 | 36.52 |
| 5.45 | 3.51 | 0.17 | 16.92 | 33.12 |
| 4.76 | 4.15 | 0.29 | 21.05 | 14.73 |

Com base nos resultados obtidos, pode dizer-se que cada campo (parcelas) tem uma história própria e que não existe uma receita única que permita dizer que a terra é rica num elemento e pobre noutro. Os resultados apresentados no quadro 1 são os resultados de parcelas colhidas em condições naturais normais, sem a influência de factores ambientais acrescidos. O quadro 16 mostra os resultados da mesma parcela no vale do rio Morava do Sul, mas imediatamente após a inundação. De facto, em maio de 2014, a região do Sul da Sérvia foi afetada por inundações. As aldeias ameaçadas no vale do rio

Morava do Sul foram inundadas. As inundações duraram 15 dias. A chuva que provocou a inundação do rio inundou também as terras. Após a inundação, a terra demorou muito tempo a secar novamente. As amostras de solo analisadas, cujos resultados são apresentados no quadro 16, foram recolhidas na altura em que a água recuou das parcelas inundadas (campos). Os resultados obtidos mostram um grande desvio em termos de qualidade do solo. A estrutura do solo após a inundação e a terra é bastante fria, com falta de oxigénio (ar). Pode dizer-se que só o azoto é mais pobre e é mais podre com diferentes valores de pH. Os outros parâmetros de qualidade que constam do presente estudo (fósforo, potássio e húmus) mantêm-se praticamente inalterados.

**Quadro 16: Teor de vários parâmetros nas amostras analisadas no país imediatamente após a inundação**

| pH | Humus % | N % | P % | K % |
|---|---|---|---|---|
| 5.18 | 2.85 | 0.19 | 9.49 | 21.75 |
| 4.86 | 3.42 | 0.16 | 11.73 | 10.11 |
| 5.30 | 2.93 | 0.14 | 19.68 | >40 |
| 6.04 | 5.12 | 0.18 | >40 | 19.79 |
| 5.36 | 8.89 | 0.30 | 38.14 | 15.14 |
| 5.27 | 2.41 | 0.11 | 19.74 | >40 |
| 4.18 | 4.68 | 0.21 | 34.47 | 14.87 |
| 4.63 | 3.74 | 0.22 | 17 | 21.74 |
| 5.43 | 8.03 | 0.32 | 30.17 | 30.79 |
| 5.04 | 5.02 | 0.17 | 19.03 | 23.16 |
| 4.43 | 3.76 | 0.18 | 12.10 | 30.91 |
| 5.13 | 2.41 | 0.11 | 16.02 | 11.32 |
| 5.67 | 3.32 | 0.13 | 15.43 | 18.01 |
| 6.64 | 9.07 | 0.41 | >40 | >40 |
| 5.38 | 3.51 | 0.16 | 16.54 | 32.18 |
| 4.69 | 3.84 | 0.12 | 14.78 | 9.97 |

**Tabela 17: O conteúdo de vários parâmetros nas amostras analisadas de culturas agrícolas no país entre outubro de 2014**

| pH | Humus % | N % | P % | K % |
|---|---|---|---|---|
| 6 | 3.61 | 0.18 | 10.90 | 32 |
| 5.78 | 2.62 | 0.13 | 19.18 | 13.43 |
| 6.05 | 2.54 | 0.13 | 18.94 | 29.87 |
| 5.82 | 2.16 | 0.11 | 37.97 | 18.54 |
| 4.82 | 3.83 | 0.19 | 30.28 | 17.94 |
| 5.18 | 2.31 | 0.12 | 18.37 | 38.49 |
| 5.48 | 3.35 | 0.17 | 30.12 | 10.91 |
| 6.42 | 5.35 | 0.27 | 25.87 | 20.83 |
| 7.5 | 6.43 | 0.32 | 38.54 | >40 |
| 4.92 | 3.01 | 0.15 | 16.86 | 17.84 |
| 6.41 | 4.61 | 0.23 | 15.96 | 37.42 |
| 6.99 | 6.02 | 0.30 | 23.12 | >40 |
| 4.49 | 7.53 | 0.38 | 12.59 | 10.71 |
| 4.89 | 3.69 | 0.18 | 35.41 | 34.26 |
| 4.67 | 4.24 | 0.21 | 20.15 | 28.77 |
| 5.58 | 3.27 | 0.16 | 18.43 | 21.67 |

A comparação dos resultados dos (Quadros 15) e (Quadro 16) mostra que não há grandes alterações antes e imediatamente após a inundação. Isto significa que a terra mantém a sua própria qualidade, independentemente do que é sentido como um "choque". As parcelas inundadas estavam lamacentas, mas isso não podia afetar drasticamente a estrutura do solo.

Após um período de tempo, a terra inundada foi tratada com agroquímicos e os resultados obtidos no (Quadro 17) mostram a qualidade do solo após o período de tratamento agroquímico pós-inundação. O programa de subsídios aos fertilizantes no Malawi é um exemplo raro de como a utilização de fertilizantes na agricultura mudou significativamente e o país passou rapidamente de um défice alimentar para um exportador de alimentos (Dorward, Chirwa, 2011).

Com base nos resultados apresentados nos (Quadros 15), (Quadros 16) e (Quadros 17), pode dizer-se que os parâmetros de sustentabilidade da qualidade do solo no Vale de Morava do Sul são relativamente elevados e foram observados em ligação com as inundações de maio de 2014. Os diagramas nas (Figura 1), (Figura 2), (Figura 3), (Figura 4) e (Figura 5) são também informativos. O solo analisado no vale do rio Morava do Sul é caracterizado por uma composição granulométrica ligeiramente mais fraca no lado norte da área de estudo (amostras 2, 3, 4, 6). Representa a classe de textura franco-arenosa, enquanto no lado sul (amostras 8, 9, 12, 13, 15) está representada a textura de amostras de solo argiloso. O smonica e a terra actuais são de melhor qualidade. O ambiente de reação das amostras varia de ácido (amostras 9 e 12) a ligeiramente ácido (amostras n.º 1, 2, 3, 4, 5, 6, 7, 8, 10, 11, 13, 14, 15 e 16). Presume-se que estas amostras de solo têm uma acidez razoável e que as culturas podem ser plantadas/semeadas nestes solos. 3Considerando a reação das amostras de solo, não foi detectada a presença de CaCO (carbonato de cálcio). O teor de húmus em todas as amostras de solo, com exceção de uma amostra (2, 3, 4 e 6), com a qual se registou um teor fraco do parâmetro testado, é o nível de fornecer bem que a terra é rica em húmus. Valores mais elevados indicam que o solo húmus é melhor e melhor para o cultivo de culturas, neste caso, culturas de campo (principalmente trigo e milho). A quantidade e a qualidade do húmus no solo são constantemente renovadas, ou seja, a quantidade de solo superficial novo substitui o antigo, mantendo assim um determinado nível de húmus no solo, que se destina à plantação de determinadas culturas. Esse equilíbrio é de grande importância para a criação e manutenção da fertilidade do solo. (Altieri, 1995). No presente trabalho, o teor de húmus nas amostras analisadas corresponde ao valor esperado de cerca de 3. Os valores obtidos de teor de húmus nas amostras analisadas situam-se mesmo no terceiro intervalo. As alterações dos indicadores químicos da qualidade do solo (K, P, N) dependem não só do tipo de solo e do facto de ter havido ou não inundação, mas também da profundidade, da localização e da amostragem. A forma como as plantas absorveriam mais tarde a quantidade destes elementos no solo depende da forma como as plantas estão dispostas e das espécies que são. Por exemplo, no terreno onde plantou uma pera, a percentagem e a quantidade de N e P eram mais elevadas na camada de solo 0-20 cm do que nas camadas de solo 20-40 cm e 40-60, enquanto a percentagem de K a uma profundidade de 40-60 cm da camada de solo era mais elevada do que nas camadas de solo 0-20 cm e 20-40. (As amostras de solo, o teor de azoto total está ao nível de fornecer bom, isto é uma consequência da introdução adequada e aplicável de fertilizantes.

Uma outra indicação das amostras de entrada de fertilizantes no solo é o balanço de carbono e azoto, que mostra até que ponto o azoto é acessível às plantas. Trata-se de um indicador importante da taxa de conversão dos resíduos orgânicos, da qualidade das substâncias húmicas formadas e da acessibilidade do azoto nas amostras analisadas. O teor de azoto nas amostras de solo analisadas varia entre 1 e 30 (ou seja, entre 0,11 e 0,34), o que corresponde ao valor esperado para esta gama. De acordo com o teor de potássio das presentes amostras de solo analisadas, estas eram bastante heterogéneas. O teor de potássio nas amostras analisadas variou de valores baixos (amostras 5 e 6) a valores médios (amostras 2, 3, 4, 7, 10, 13, 14 e 15), a valores elevados (amostras 1, 8 e 16), bem como a valores excessivamente elevados (amostras 9, 11 e 12). Nas amostras de solo em que o valor do potássio e do fósforo é demasiado elevado, não é necessário adicionar adubos que contenham estes elementos, uma vez que, neste caso, pode ser atingida a saturação destes elementos e os rendimentos esperados nestas parcelas podem ser de menor qualidade. O fósforo (P) é muito baixo nas amostras 5 e 14, moderadamente alto nas amostras 1, 2, 3, 4, 6, 7, 10, 13, 15 e 16, enquanto as amostras 8, 9, 11 e 12 apresentam quantidades elevadas deste elemento.

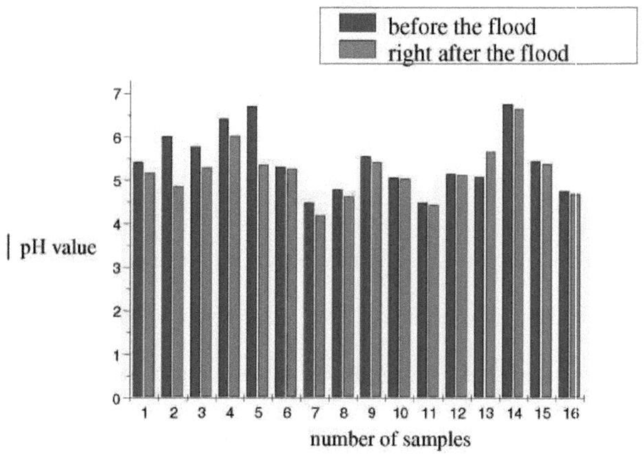


**Figure 1.** O teor de pH do solo antes e depois da inundação

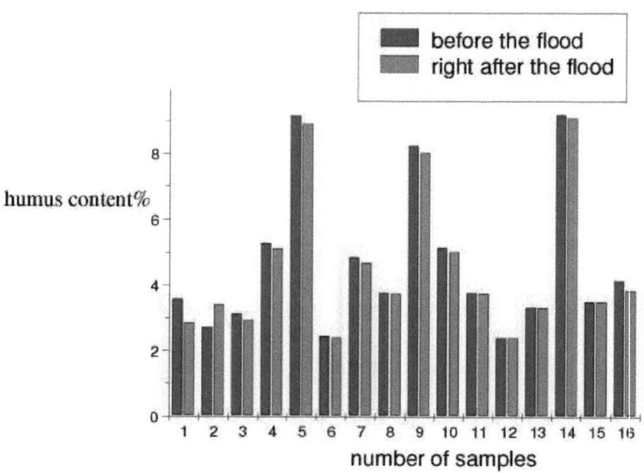


**Figure 2.** Teor de húmus do solo, em %, antes e depois da inundação

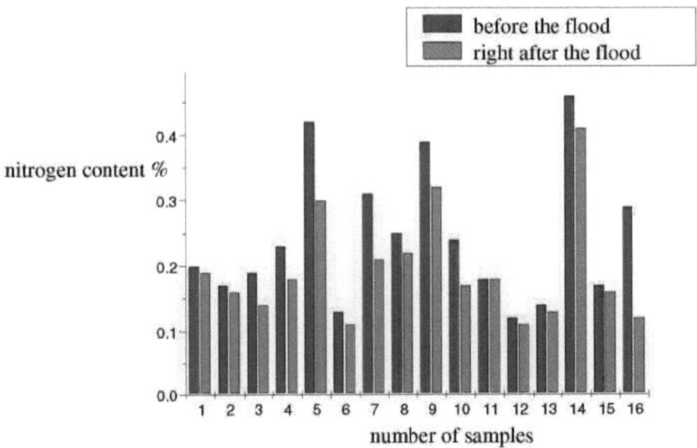


**Figura 3: Teor de azoto em % antes, imediatamente após e após as inundações**

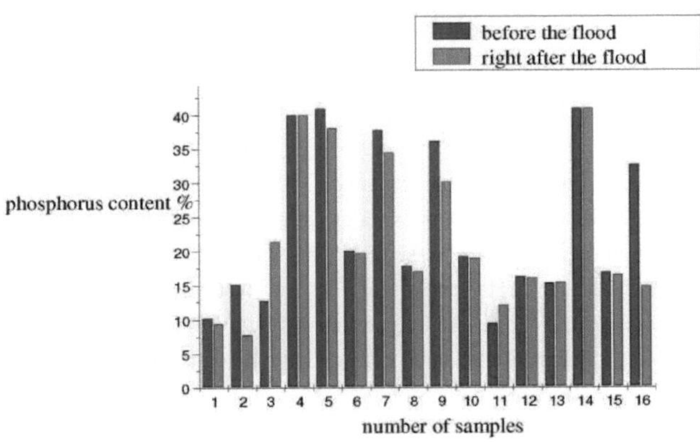


**Figure 4. O teor de fósforo em % antes e depois das inundações.**

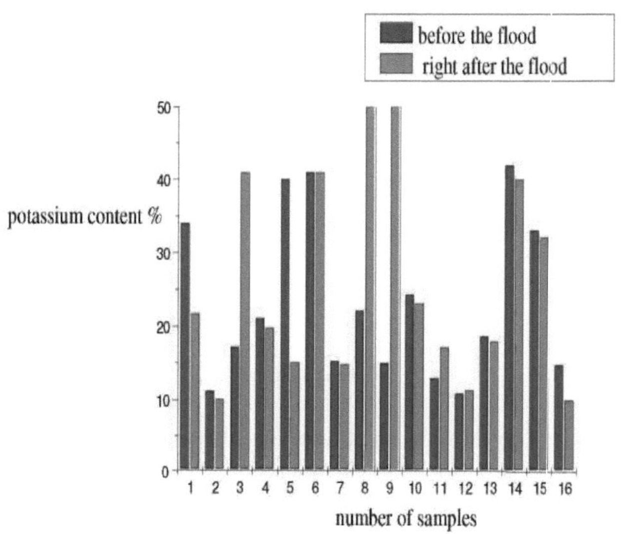


**Figure 5.** Teor de potássio em % antes e depois das inundações

No gráfico 1 (Figura 1) e (Figura 2) pode-se ver que o pH da terra testado seis meses após a inundação, há poucas diferenças importantes na qualidade da terra que estava antes e imediatamente após a inundação. Este facto sugere que a terra está mais ácida, mas não tanto que a sua qualidade seja posta em causa. Os gráficos das Figuras 3 e 4 são aproximadamente os mesmos, ou seja, não há grandes desvios, e era isso que queríamos provar. Isto significa que a sustentabilidade da qualidade do solo ao longo do vale do rio Morava do Sul não é posta em causa pelas inundações quando a água é retida durante mais de 20 dias. Com base nos resultados das amostras de solo, pode concluir-se que os parâmetros que determinam a qualidade do solo são satisfatórios para o cultivo de culturas, quase em todos os locais de onde foram recolhidas amostras do solo antes, depois e após uma inundação. Os resultados favoráveis são influenciados por factores ambientais favoráveis e por uma boa localização geográfica. Os factores ecológicos (especialmente os climáticos) são muito importantes e têm um impacto na qualidade do solo. A influência dos factores climáticos terá um impacto significativo no cultivo de culturas no futuro e será fundamental para a sobrevivência humana (Campbell, 2012).

# CONCLUSÃO

Este artigo analisa a sustentabilidade da qualidade do solo no contexto das inundações. Foram analisadas várias amostras de solo de diferentes locais no vale do rio Morava do Sul. As amostras foram recolhidas após a colheita no período anterior, imediatamente após a inundação e 6 meses após a inundação. Os resultados dos testes mostram que as amostras analisadas na região são de qualidade satisfatória para o cultivo de culturas, mesmo nas áreas inundadas. O tipo de solo é arenoso e argiloso, bem como o tipo de solo smonica, os resultados são bons. Os resultados da análise dos parâmetros físico-químicos das amostras de solo antes e depois da inundação mostram que não se registaram alterações significativas. Isto significa que as amostras de solo são predominantemente ácidas, uma vez que o pH se situa no intervalo de 4,18-6,64. As amostras de solo são ricas em azoto, a percentagem de azoto situa-se entre 0,12 e 0,40, e o solo contém uma quantidade média de fósforo. Estes resultados das amostras de solo também não podem ser afectados pela inundação, uma vez que o solo manteve as suas propriedades após a aterragem. Os resultados do estudo mostraram que as amostras de todos os solos têm geralmente um pH de 7, ou seja, são ácidas; que algumas amostras de solo não precisam de mais fertilização porque são ricas em fósforo e potássio (o fósforo e o potássio têm valores superiores a 40). Os resultados mostram que o solo é rico em húmus, porque em todas as amostras o valor de húmus é de 3-3,5. Com base na investigação, pode concluir-se que o cultivo de culturas e outras plantas úteis é uma estratégia de desenvolvimento correta e praticável para o Vale da Morávia do Sul e para toda a região do sul da Sérvia. A região analisada pode ser considerada boa para a agricultura em planos a longo prazo, porque o solo tem uma certa qualidade que é sustentável mesmo em condições de inundação extremas. Devido à sustentabilidade a longo prazo, os investimentos agrícolas nesta região são concebíveis.

A qualidade do solo varia consoante a influência das bactérias. Algumas bactérias reagem mais rapidamente na primavera, outras no verão e outras no outono. O comportamento dos microrganismos e a sua influência na qualidade do solo são também de grande importância para a fertilidade do solo.

# REFERÊNCIA

1. Altieri, Agroecologia: a ciência da agricultura sustentável, 446, (1995), 1-85339-295-2
2. Barker, J., Lambert, P.A., e Brown, M.R. (1993): Influência das condições de crescimento intra-amebiano e outras nas propriedades de superfície da Legionella pneumophia. Infect immun 61: 3503-3510. Bilaj, V.I.- Microbiologia 1947, v.16, n.1, p.11-18.
3. Campbell, B., (2012), Open-pollinated seed exchange: renewed Ozark tradition asagricultural biodiversity conservation. Journal of sustainable agriculture, 36, 500-522...
4. Godfray, C., Beddington, J. R., Crute, I. R., Haddad, L., D., Muir, J. F., Pretty, J., Robinson, S., Thomas, S.M., Toulmin, C., (2010) "Food security: the challenge offeeding 9 billion people", Science 327, 812818.
5. Dorward, A., Chirwa, E., (2011), "The Malawi Agricultural Input Subsidy Programme: 2005-06 to 2008-09", International Journal of Agricultural Sustainability 9(1), 232-247.
6. Djukic, D., Yemtsev, V.T. (2003): Microbiological biotechnology. Editora: Dereta Belgrado.
7. Bukic, D., Yemtsev, V.T., Kuzmanova J. (2007) Biotechnology of the land. Buducnost- Novi Sad, 151 páginas.
8. Jemzew, W.T., Djukic, D. (2000): Microbiologia. Editora Vojnoizdavacki zavod-Beograd, 759 str.
9. Djukic, D., Mandic L. (1993/98): Os microrganismos como factores de controlo e a quantidade de pesticidas no solo. "Glasnik Repub. Instituto de Conservação da Natureza e Museu de História Natural", 26, 67-76
10. Ling-fei Hu, Peng Zhou, Qing-fang Han, Zhi-hui Li, Bao-ping Yang, Jun-feng Nie, (2013), Spatial Distribution of Soil Organic Matter and Nutrients in the Pear Orchard Under Clean and Sod Cultivation Models, Journal of Integrative Agriculture, Volume 12, Issue 2, Pages 344-351.
11. Krnacova, Z., Hresko, J., Kanka R., Boltiziar, M., (2013), A avaliação dos factores ecológicos que afectam as funções ambientais dos solos na área de estruturas tradicionaisagrárias. Ekol. Bratislava 32 (2), 248-261

12. 12 Markovic D., Veselinovic D., Tomic V., Agatonovic-Malinovic V., (2007), Examination of soil, water and air, Institute for textbooks, Belgrade.
13. 13 Misovic J., Ast T., (1978), Instrumental Methods of Chemical Analysis, Faculdade de Tecnologia e Metalurgia, Belgrado
14. Mcintyre, B., (2011), The best-laid plans: climate change and food security. Climate and Development, 3, 281-284.
15. Spulerova, J., (2008), Succession changes in extensively used agricultural land Ekol. Bratislava 27 (1), Agricultura, Ecossistemas e Ambiente, 54-64.
16. Pantovic M., Dzamic R., Petrovic M., Jankovic M., (1989), Practicum Agrochemie, Livro Científico, Belgrado
17. Pretty, J., (2008), Agricultural sustainability: concepts, principles and evidence, Philosophical Transactionsof the Royal Society of London, Series B 363(1491), 447-466 Royal Society, Reaping the Benefits: Science and the Sustainable Intensification of Global Agriculture, Royal Society, Londres.
18. Skoog D. A., Holler F. J., Nieman T. A., (2007), Principles of Instrumental Analysis, 5. izdanje, Brooks/Cole Thomson Learning, USA,
19. Stevo vic S., (2010), Environmental impact on morphological and anatomical structure of Tansy, African Journal of Biotehnology, 9 (16), 2413-21.
20. Stevovic S. e Calic-Dragosavac D., (2010), Estudo ambiental da influência dos metais pesados no solo e no tansy (Tanacetum vulgare L.), African Journal of Biotehnology 9 (16), 2392-400.
21. Stevovic S., Mikovilovic, Vesna Surcinski e Calic-Dragosavac, Dusica, (2010), Enviromental impact of site location on marco-and microelements in Tansy, African Journal of Biotehnology 9 (16), 2408-12.
22. Stevovic, Svetlana, Mikovilovic, Vesna Surcinski e Dragosavac, (2009), Environmental adaptability of tansy (Tanacetum vulgare L.,)'African Journal of Biotehnology 8, (22).
23. Stevovic Svetlana, Dervnja, Nina e Calic-Dragosavac, Dusica, (2013), Quantificação do impacto ambiental e correlação entre
24. 

Location, content and structure of tansy, African Journal of Biotehnology 10 (26), 5075-83.
25. Stevovic, Svetlana (2011), Correlação entre ambiente e produção de óleo essencial em plantas medicinais, Avanços em Biologia Ambiental, 5 (2), 465-68.
26. Varga D. (2015), Manual de fertilização de culturas agrícolas e hortícolas, PSS Subotica AD

## Índice

Printed by Books on Demand GmbH, Norderstedt / Germany